LES EPHEMERIDES PERPETUELLES DE LA LUNE.

POUR CONNOITRE LES

Signes avec leurs degrés qu'elle court chaque jour, depuis la Creation du Monde jusqu'à la fin.

PAR J. BAUGY, Lionnoise.

A LYON,

Chez ANDRÉ MOLIN, Imprimeur rue Belle-Cordiere, prés Belle-Cour.

M. DCC. V.
AVEC PERMISSION.

AU
LECTEUR
CURIEUX.

Quoyque cet Ouvrage vous paroistra petit & abregé, il pourroit pourtant être en Paralelle avec des plus grands qui ont parûs très utiles au Public, Plusieurs dédaigneront d'en faire la lecture auß-tôt qu'ils aprendront qui en est l'Auteur, meprisant ledit Ouvrage, (venant du Genie d'un Sexce à qui il est impoßible d'aprocher semblables matiere,) à ce qu'ils s'imaginent ; mais des plus sensez ne s'en étonneront point auß-bien que les plus doc-

ă

tes en semblables Sciences ; (puisque l'on en voit aujourd'huy du
même Sexce de tres-experimen-
tées.) A Dieu ne plaise que je
veüille tirer quelque gloire du
don que j'ay receu de la Divi-
nitez ; de tous tems l'on à veu
des Femmes avoir des qualitez
qui égalisoient les Hommes les
plus Illustre, si c'est pour les Armes, l'Histoire nous fait voir le
courage invincible de la Femme
Illustres par celuy des Amazon-
nes ; si c'est par sa conduite &
politique ; n'a-t'on pas veû des
grands Royaumes gouvernez par
des Femmes, & si c'est par les
Sciences, l'Histoire prophane auf-
si-bien que l'Histoire Sainte nous
aprennent le don Prophetique dont
étoit doüées les Sibiles, quoyque
Payennes ont pourtant Propheti-

sé la venüe d'un Dieu incarné,
Finalement il y a eu toûjours des
Femmes qui ont excellez en quelque talent particulier, foit par
leur valeur ou courage, foit par
leur grand Efprit & par les Sciences, donc, CHER LECTEUR,
Vous pourrez être inftruit de tout
ce que deffus, fi vous lifez l'Hi-
ftoire ; Je n'attribueray point le
don de Prophetie comme vous
pourrez tirer confequence par ce
prefent Difcours ; mais fans vanité un talent que le Seigneur m'a
donné dont je luy en rends grace ;
c'eft un talent que j'eftime autant
que cinq, & que je feray profiter
en en faifant part au Public, pouf-
fé d'amour & de charité pour mon
prochain ; car je croyois de me rendre ingratte envers Dieu, & qu'il
m'en fera rendre compte, comme il

dit, par le Sacré Texte; qu'il fera rendre compte à un chacun du talant qu'il luy aura été donné; Je le traiteray d'un talent particulier, puisque l'on a veu que plusieurs ont beaucoup travaillez & étudiez & qu'ils n'y ont pû parvenir, étant une Science d'un tres-difficile abord, & d'une grande aplication; l'on me condamnera de présompsion & de temeraire me flatant de ce que j'ignore, & de ce que je suis incapable, je donneray à la verité pour garand de cet Ouvrage l'Experience, apres quoy je veux bien subir toute la Censure qui pourroit meriter ma temerité, & de plus donnant mon nom au Public, pour qui j'espere avec le secours du Ciel de luy être utile par ledit Ouvrage.

JULIENNE BAUGY.

LES
EPHEMERIDES
PERPETUELLES
DE LA LUNE.

POUR CONNOITRE LES Signes avec leurs degrés qu'elle court chaque jour depuis la creation du monde jusqu'à la fin.

Omme cet Astre grand Flambeau de la nuit situé dans la Sphere la plus proche de la terre, l'Auteur de toute la Nature luy a donné la vertu de moderer par son influance les Corps & tout ce que produit le Globe Terrestre. C'est pourquoy pour profiter de la vertu de cet

A

Aſtre merveilleux, ſoit pour prendre Medecine ſoit pour ſe faire Saigner, ſoit auſſi pour l'Agriculture , comme les tems où il faut Semer & Planter pluſieurs ſortes de Graines , avec leurs vertus & qualités , pour leur ſoulagement du corps humain.

Premierement l'on verra dans ce petit Ouvrage des Tables par leſquelles on trouvera directement les mouvemens de la Lune, pour ſçavoir en quel ſigne elle tombe, & combien de degrés elle aura en chaque jour de l'année.

Enſuite on trouvera des Regles pour conjecturer du Tems pour faire des Remedes & les tems propres à prendre des medicamens ou ſe faire tirer du hang.

On trouvera enſuite la ſignification de la Lune dans les douze Signes du Zodiaque avec les jugemens de chaque jour qu'elle court en 28. jours que l'on nomme Manſion, avec leur explication & les noms des 28. degrés qui ſont nommés Intelligences.

On trouvera enſuite des preceptes particuliers pour la Medecine , aprés quoy on verra les conjectures des tems propres pour l'Agriculture & leurs

vertus ou qualités, pour le foulage-
ment du corps humain.

La Lune étant l'Aftre principal
qu'on doit obferver en cette matiere,
je raporte icy des Tables qui enfeig-
nent les endroits du Ciel où elle fe
trouve chaque jour.

Pour s'en fervir & connoître les
figures qu'elle court on doit fçavoir
fon âge & entrer avec elle dans la co-
lonne du mois qui eft marqué au deffus de la Table, & l'on trouvera vis-à-
vis le jour de l'âge de la Lune, & dans
l'aire qui correfpond au mois, le Signe
où elle fe trouve.

PAR EXEMPLE.

JE veus trouver le lieu de la Lune le
25. Juin de l'année 1703. en laquelle année nous avons 12. d'Epacte, je
joins ces 12. à 4. de mois depuis Mars,
& l'addition me donne 16. que j'a-
joute à 25. du mois de Juin & j'ay 41.
dont je foutrais 30. & il me refte 11.
dans la colomne du mois de Juin, Je
trouve que la Lune court le Signe du
Scorpion, je veus trouver les degrés
où elle fe trouve ou qu'elle a fait dans

A ij

ce Signe du Scorpion, on multiplie les
jours par 4. & chaque nombre denote
3. degrés. Le Signe qui est de trente degrés est marqué par le nombre de dix.

PAR EXEMPLE

SI vous voulez sçavoir en quel degré du Signe se trouve la Lune le
25. de Juin on fera ainsi.

12. d'Epacte,

4. de Mois.

5². de Juin. Le tout ajoûté se mon-
te à 41. jours, dont ôtant 30. il en
reste 11. lesquels multipliés par 4. feront 44. où il y a 4. dizaines, c'est à
dire que l'on ôte toutes les dizaines
dont il reste 4. qui étant multipliés
par 3. montent à 12. qui signifient 12.
degrés où se trouvera la Lune dans le
Signe du Scorpion, ce calcul est in-
faillible, j'aurois dû raporter cette Table avec tous ses degrés, pour y trouver aussi par des regles particuliere,
le mouvement des autres Planettes
avec la même facilité de s'assurer des
longitudes pour la Navigation ; mais
ce qui est differé n'est pas perdu, je
verray avec le tems l'estime que me
produira mon travail.

TABLE.

jour	IANVIER		FEVRIER		MARS	
1	Verſeau	♒	Poiſſons	♓	Belier	♈
2	Verſeau	♒	Poiſſons	♓	Belier	♈
3	Poiſſons	♓	Belier	♈	Taureau	♉
4	Poiſſons	♓	Belier	♈	Taureau	♉
5	Poiſſons	♓	Belier	♈	Taureau	♉
6	Belier	♈	Taureau	♉	Gemeaux	♊
7	Belier	♈	Taureau	♉	Gemeaux	♊
8	Taureau	♉	Gemeaux	♊	Cancer	♋
9	Taureau	♉	Gemeaux	♊	Cancer	♋
10	Taureau	♉	Gemeaux	♊	Cancer	♋
11	Gemaux	♊	Cancer	♋	Lion	♌
12	Gemeaux	♊	Cancer	♋	Lion	♌
13	Cancer	♋	Lion	♌	Vierge	♍
14	Cancer	♋	Lion	♌	Vierge	♍
15	Cancer	♋	Lion	♌	Vierge	♍

A iij

TABLE.

Jour	IANVIER		FEVRIER		MARS	
16	Lion	♌	Vierge	♍	Balances	♎
17	Lion	♌	Vierge	♍	Balances	♎
18	Vierge	♍	Balance	♎	Scorpions	♏
19	Vierge	♍	Balance	♎	Scorpions	♏
20	Vierge	♍	Balance	♎	Scorpions	♏
21	Balances	♎	Scorpion	♏	Sagitaire	♐
22	Balances	♎	Scorpion	♏	Sagitaire	♐
23	Scorpion	♏	Sagitaire	♐	Capricorne	♑
24	Scorpion	♏	Sagitaire	♐	Capricorne	♑
25	Scorpion	♏	Sagitaire	♐	Capricorne	♑
26	Sagitaire	♐	Capricorne	♑	Verseau	♒
27	Sagitaire	♐	Capricorne	♑	Verseau	♒
28	Capricorne	♑	Verseau	♒	Poissons	♓
9	Capricorne	♑	Verseau	♒	Poissons	♓
30	Capricorne	♑	Verseau	♒	Poissons	♓

TABLE.

JOUR	AVRIL		MAY		IUIN	
1	Taureau	♉	Gemaux	♊	Cancer	♋
2	Taureau	♉	Gemaux	♊	Cancer	♋
3	Gemaux	♊	Cancer	♋	Lion	♌
4	Gemaux	♊	Cancer	♋	Lion	♌
5	Gemaux	♊	Cancer	♋	Lion	♌
6	Cancer	♋	Lion	♌	Vierge	♍
7	Cancer	♋	Lion	♌	Vierge	♍
8	Lion	♌	Vierge	♍	Balances	♎
9	Lion	♌	Vierge	♍	Balances	♎
10	Lion	♌	Vierge	♍	Balances	♎
11	Vierge	♍	Balances	♎	Scorpions	♏
12	Vierge	♍	Balances	♎	Scorpions	♏
13	Balances	♎	Scorpions	♏	Sagitaire	♐
14	Balances	♎	Scorpions	♏	Sagitaire	♐
15	Balances	♎	Scorpions	♏	Sagitaire	♐

TABLE.

Jour	AVRIL		MAY		JUIN	
16	Scorpions	♏	Sagitaire	♐	Capricorne	♑
17	Scorpions	♏	Sagitaire	♐	Capricorne	♑
18	Sagitaire	♐	Capricorne	♑	Verseau	♒
19	Sagitaire	♐	Capricorne	♑	Verseau	♒
20	Sagitaire	♐	Capricorne	♑	Verseau	♒
21	Capricorne	♑	Verseau	♒	Poissons	♓
22	Capricorne	♑	Verseau	♒	Poissons	♓
23	Verseau	♒	Poissons	♓	Belier	♈
24	Verseau	♒	Poissons	♓	Belier	♈
25	Verseau	♒	Poissons	♓	Belier	♈
26	Poissons	♓	Belier	♈	Taureau	♉
27	Poissons	♓	Belier	♈	Taureau	♉
28	Belier	♈	Taureau	♉	Gemaux	♊
29	Belier	♈	Taureau	♉	Gemaux	♊
30	Belier	♈	Taureau	♉	Gemaux	♊

TABLE.

JOUR	IUILLET		AOUST		SEPTEMBRE	
1	Lion	♌	Vierge	♍	Balances	♎
2	Lion	♌	Vierge	♍	Balances	♎
3	Vierge	♍	Balances	♎	Scorpions	♏
4	Vierge	♍	Balances	♎	Scorpions	♏
5	Vierge	♍	Balances	♎	Scorpions	♏
6	Balances	♎	Scorpions	♏	Sagitaire	♐
7	Balances	♎	Scorpions	♏	Sagitaire	♐
8	Scorpions	♏	Sagitaire	♐	Capricorne	♑
9	Scorpions	♏	Sagitaire	♐	Capricorne	♑
10	Scorpions	♏	Sagitaire	♐	Capricorne	♑
11	Sagitaire	♐	Capricorne	♑	Verseau	♒
12	Sagitaire	♐	Capricorne	♑	Verseau	♒
13	Capricorne	♑	Verseau	♒	Poissons	♓
14	Capricorne	♑	verseau	♒	poissons	♓
15	Capricorne	♑	Verseau	♒	Poissons	♓

TABLE

Jour	IUILLET		AOUST		SEPTEMBRE	
16	Verseau	♒	Poissons	♓	Belier	♈
17	Verseau	♒	Poissons	♓	Belier	♈
18	Poissons	♓	Belier	♈	Taureau	♉
19	Poissons	♓	Belier	♈	Taureau	♉
20	Poissons	♓	Belier	♈	Taureau	♉
21	Belier	♈	Taureau	♉	Gemaux	♊
22	Belier	♈	Taureau	♉	Gemaux	♊
23	Taureau	♉	Gemaux	♊	Cancer	♋
24	Taureau	♉	Gemaux	♊	Cancer	♋
25	Taureau	♉	Gemaux	♊	Cancer	♋
26	Gemaux	♊	Cancer	♋	Lion	♌
27	Gemaux	♊	Cancer	♋	Lion	♌
28	Cancer	♋	Lion	♌	Vierge	♍
29	Cancer	♋	Lion	♌	Vierge	♍
30	Cancer	♋	Lion	♌	Vierge	♍

TABLE.

Jour	Octobre		Novembre		Decembre	
1	Scorpion	♏	Sagitaire	♐	Capricorne	♑
2	Scorpion	♏	Sagitaire	♐	Capricorne	♑
3	Sagitaire	♐	Capricorne	♑	Verseau	♒
4	Sagitaire	♐	Capricorne	♑	Verseau	♒
5	Sagitaire	♐	Capricorne	♑	Verseau	♒
6	Capricorne	♑	Verseau	♒	Poissons	♓
7	Capricorne	♑	Verseau	♒	Poissons	♓
8	Verseau	♒	Poissons	♓	Belier	♈
9	Verseau	♒	Poissons	♓	Belier	♈
10	Verseau	♒	Poissons	♓	elier	♈
11	Poissons	♓	Belier	♈	Taureau	♉
12	Poissons	♓	Belier	♈	Taureau	♉
13	Belier	♈	Taureau	♉	Gemeaux	♊
14	Belier	♈	Taureau	♉	Gemeaux	♊
15	Belier	♈	Taureau	♉	Gemeaux	♊

TABLE.

JOUR	OCTOBRE		NOVEMBRE		DECEMBRE	
16	Taureau	♉	Gemaux	♊	Cancer	♋
17	Taureau	♉	Gemaux	♊	Cancer	♋
18	Gemeaux	♊	Cancer	♋	Lion	♌
19	Gemeaux	♊	Cancer	♋	Lion	♌
20	Gemeaux	♊	Cancer	♋	Lion	♌
21	Cancer	♋	Lion	♌	Vierge	♍
22	Cancer	♋	Lion	♌	Vierge	♍
23	Lion	♌	Vierge	♍	Balances	♎
24	Lion	♌	Vierge	♍	Balances	♎
25	Lion	♌	Vierge	♍	Balances	♎
26	Vierge	♍	Balances	♎	Scorpion	♏
27	Vierge	♍	Balances	♎	Scorpion	♏
28	Balances	♎	Scorpion	♏	Sagitaire	♐
29	Balances	♎	Scorpion	♏	Sagitaire	♐
30	Balances	♎	Scorpion	♏	Sagitaire	♐

REGLES

POUR conjecturer des Tems propres à faire des Remedes, & pour se Saigner.

IL ne faut point Saigner hors de necessité. Lorsque la Lune est dans les Signes de Gemeaux où du Lyon, ou dans la derniere moitié de la Balance & du Scorpion, ny toucher aux parties qui sont dominées par les Signes où est la Lune.

Or le Belier domine à la tête
Le Taureau au col.
Les Gemeaux aux bras.
Le Cancer à la poitrine.
Le Lyon au cœur.
La Vierge au ventre.
Les Balances aux reins.
Le Scorpion jusqu'aux parties honteuse, au fesses.
Le Sagittaire aux cuisses.
Le Capricorne aux genoux.
Le Verseau aux jambes.
Les poissons aux piés.

Enfuite il faut avóir égard au temperament , car il eft bon de Saigner les fanguins lorfque la Lune eft au Taureau ou au Cancer. Pour les coleriques , c'eft quand elle eft dans la Balance ou dans le Vreffeau , & pour les Flegmatiques lors qu'elle eft au Belier ou bien au Sagittaire.

Et de plus , il faut avoir égard à l'âge, ainfi le tems propre à faigner les jeunes gens eft depuis la nouvelle Lune jufqu'au premier quartier; Pour ceux du fecond âge , c'eft depuis le premier quartier jufqu'à la pleine Lune, ceux du troifiéme, depuis la pleine Lune jufqu'au dernier quartier, pour les Veillards , il ne faut point les faigner deux jours devant la nouvelle Lune ny deux jours aprés.

Voyez la Table fuivante qui montre les quantiémes des mois où la Lune entre en conjonction avec le Soleil, & pour fçavoir le tems propre à prendre Medecine & fe faire tirer du fang.

Ce font les jours que le Soleil fait
fon entrée dans les Signes du Zodiaque.

Le ☀ Soleil ♈	La Lune	
Les Iours	Purgation	Saignée
20. Mars ♈	mauvaife	bonne
20. d'Avril ♉	mauvaife	mauvaife
21, May ♊	indifferente	mauvaife
21. Iuin ♋	bonne	indifferente
21. Iuillet ♌	mauvaife	mauvaife
23. Aouft ♍	mauvaife	mauvaife
23. Septembre ♎	indifferente	bonne
23. Octobre ♏	bonne	indifferente
23 Novembre ♐	indifferente	bonne
22. Decembre ♑	mauvaife	mauvaife
19. Ianvier ♒	indifferente	bonne
18. Fevrier ♓	bonne	indifferente

A la Table cy-devant on trouvera le Soleil au 20. jour de Mars dans le Signe du Belier, celle d'Avril dans le Taureau, celle de May dans les Gemeaux & ainsi des autres mois, &c.

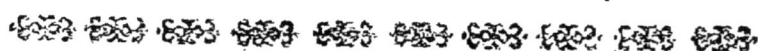

✦✦✦ ✦✦✦ ✦✦✦ ✦✦✦ ✦✦✦ ✦✦✦ ✦✦✦ ✦✦✦ ✦✦✦ ✦✦✦

Pour Sçavoir la vertu de chaque Signe ou Mansion suivant le cours de la Lune dans les Etoiles fixes perpetuellement.

CEs Mansions Lunaires ont grand pouvoir sur toutes choses, puisque la Lune parcourt les Signes en 27. jours & huit heures, & toutes les Etoiles fixes du firmament, il n'y a donc point de doute que suivant l'endroit du firmament où la Lune se trouve, elle a divers effets & beaucoup d'Efficace. Or on divise cet espace en 28. parties égales, chaque partie contenant 12. degrés trente une minutes peu plus, & l'on appelle cette partie Mansion.

cauſe de la bonne nature des étoiles
fixes en cet endroit là, cette maiſon eſt
bonne temperée , fortunée elle eſt
bonne en toutes choſes mais non pas
pour voyager par eau , mais bonne
par terre , bonne pour les naiſſances ,
rend l'Enfant temperé & de bonnes
mœurs, il ne faut point Saigner au bras,
il amene grand vent , tempere l'Hyver , les Songes feront vray en leur
explication.

De la ſeptiéme Manſion de CEHESIEL.

ELle finit au 28. degré du Cancer
du premier Mobile , cette Manſion eſt humide fortunée, elle amene
volontiers des pluyes aſſez douces ,
elle donne bonne iſſuë aux entrepri-
ſes, l'Enfant aura l'eſprit ſubtil, mais
en danger de chûte & de l'eau, les ſonges feront indifferens.

De la huitiéme manſion de AMNEDIEL,

ELle finit au 11. du Lyon du premier Mobile à cauſe des étoiles fixes du 8. Ciel de Maligne nature,
Elle eſt plus méchante que la precedente, neanmoins elle eſt temperée
& en danger de la vuë à l'Enfant né ce
jour là, mauvais à prendre Medecine,
fait le tems variable, l'explication des
ſonges fauſſe.

De la neuviéme Manſion nom-
mée BARBIEL.

CEtte Manſion nommée Barbiel
fait environ le 24. du Lyon du
premier Mobile vers l'étoile royale,
cor Leonis, c'eſt pourquoy cette Maiſon eſt fortunée, fait des chaleur en
Eté, l'Enfant né ce jour là ne pourra
jamais étre pauvre, encore mieux ſi le
Soleil ſe trouve en ce lieu là, c'eſt-à-
dire dans le Signe du Lyon, mais il

faut que la Lune soit éloignée de luy de 14. degrés, en outre fait longue vie, les songes sont veritables, il ne fait pas bon prendre Medecine, car il feroit vomir, d'autant que le Lyon regarde l'estomach, il fait bon cuëillir fleurs, secher herbes, joindre les herbes de forte odeur ensemble, ou les distiler.

De la dixiéme Mansion de ARDESIEL.

CEtte Mansion finit au 6. de la Vierge du premier Mobile, elle est temperée & bonne, fait l'Enfant riche & de longue vie, bonne pour évacuër les malignes inflammations, elle est favorable pour mettre les Enfans à l'Ecole & pour les instruire aux sciences ; car la Vierge est maison de Mercure, c'est pourquoy son exaltation signifie beau tems, un peu humide, les songes sont vrais en leur explication.

De la onziéme Manſion de MARCIEL.

CEtte Manſion finit au 19. degré de la Vierge, Signe du premier Mobile, cette Manſion eſt temperée, un peu froide & maligne, fort contraire à la Medecine, l'Enfant aura bon eſprit, mais il ſera traitre & mediſant, il ſe repentira neanmoins ſur la fin. Le tems ſera un peu humide, les ſonges vrais en leur explication, elle eſt propre à l'amour des jeunes Vierges; mais non pas à prendre femme.

De la douzième Manſion de ABDIZUEL.

CEtte Manſion finit au 2. de la Balance du premier Mobile un peu froide, propre à la Navigation fait l'Enfant vaillant & curieux, ce tems eſt aſſez temperé avec vent.

De

De la treiziéme Mansion de TAZERIEL.

CEtte Mansion finit au 13. de la Balance du premier Mobile, bonne pour la Medecine & contre la Phtisie, il fait bon commencer ce que l'on souhaite promptement étre fait car la Balance est un Signe Mobile, bonne à faire voyages, acheter, vendre & avoir à faire à gens d'Eglise, mais mauvais en Generation, car la Balance est l'exaltation de Saturne, l'Enfant sera modeste veritable, aimable, mais il sera trompé. Fait beau tems, vrais songes.

De la quatorziéme Mausion de ERGEDIEL.

CEtte Mansion finit au 26. de la Balance du premier Mobile & au commencement vers *Spica Virginis*, des étoiles fixes laquelle est fortunée, bonne pour prendre Medecine & Pian-

B

ter, propre, à conjoindre les chofes fenfibles, les Mineraux les Herbes, caufe le beau temps en Eté, mais au Printems vent, en Automne variation, en Hyver froid & humide, mais non pas un froid violent.

De la quinziéme Manfion de ARTALIEL.

CEtte Manfion finit au 9. degré du Scorpion fort variable, infortunée finon pour fait d'Armes, & rend l'Enfant violent malicieux, inconftant, elle eft mauvaife pour la medecine, l'Enfant à quelque infirmité fur foy. Il ne faut rien commencer de bon en ce figne, car il arriveroit le contraire de ce que l'on defire, le tems eft variable.

De la feiziéme Manfion de AZENABL.

CEtte Manfion finit au 22. degré du Scorpion, froide, humide & infortuuée , l'Enfant né en ce jour eſt diſſimulé, cruel , & en danger de mort violente ; mediocre pour Purger , bonne pour les Plantes , humide , les ſonges faux.

De la dix - ſeptiéme Manſion de ADRIEL.

ELle finit au 16. degré du Sagittaire , humide, infortunée mais bonne pour acquerir honneurs , l'Enfant opiniatre , elle eſt fort contraire à la Saignée , & bonne pour la Medecine.

De la dix - huitiéme Manſion de EGIBIEL.

ELle finit au 19. degré du Sagittaire, fortunée & bonne contre les hydropiſies , l'Enfant plein de vanité , en danger de mort violente , beau tems, mais en Eté tonnerres , les ſonges ſont vrais , il eſt bon à commencer l'art Militaire faire Negoces, con-

verser avec des gens d'Eglises, car
c'est la Maison de Jupiter, bonne
pour parler à des Juges, & pour la
Generations.

De la dix-neufviéme Mansion de AMUTIEL.

ELle est humide & infortunée,
l'Enfant né en ce jour là aura de
violentes maladies, & si en ce jour il
prend mal, sa maladie sera mauvaise,
elle n'est pas propre à prendre Medecine, car elle se rendra venimeuse,
l'Enfant né en ce dit jour sera tué;
elle est bonne pour soulager la colique,
le tems est mauvais & obscur.

De la ving-tiéme Mansion de RENIEL.

ELle est temperée, humide, fortunée, tres-bonne à prendre Medecine, fait l'Enfant vaillant & libe-
ral, le tems est beau serain, les songes vrais & promptement accomplis.

De la vingt-uniéme Manſion de BETUAEL.

ELle commence au 15. degré du Capricorne & finit au 28. dudit, elle eſt remperée, humide, fortunée, bonne pour purgation, rend l'Enfant melancolique, mais bon eſprit, tems triſte, il fait bon parler avec Vieillard, cultiver chams, vignes, terres, car c'eſt la Maiſon de Saturne.

De la vingt-deuxiéme Manſion de GELIEL.

ELle commence au 28. degré du Capricorne & finit à l'onziéme du Verſeau du premier Mobile. Cette Manſion eſt humide, rend l'Enfant un peu triſte, mais admirable à inventer, bonne pour cultiver la terre, tres bonne pour purifier & chaſſer les mauvaiſes humeurs de la perſonne.

De la vingt-troisiéme Manfion de VEGNIEL.

Elle finit au 24. degré du Verffeau, bonne ; temperée contre l'hidropifie, l'Enfant fera ftupide mais aura une forte imagination, le tems fera inconftant, fonges veritables.

De la vingt-quatriéme Manfion de ABRENIEL.

Cette maifon eft temperée un peu froide elle eft fottunée bonne contre les Sanguins, l'Enfant en danger de mort violente, grands vents, fonges faux, il fait bon cultiver la terre, arbres & vignes, fonder tous batimens, cittés, car c'eft la joye de Saturne.

De la vingt-cinquiéme Manfion de AZIEL.

Elle eft variable, bonne aux plantes, contraire aux flegmatiques,

rend la personne violente, tems variable.

De la vingt-sixiéme Mansin de ADGRIEL.

Elle est temperée, seche, un peu fortunée bonne à purger les co-leriques, contraire aux Sanguins & à la Saignée du pié, mais bonne au bras.

De la vingt-septiéme Mansion de AHLENIEL.

Elle finit au 15. degré du Belier du premier Mobile, elle est humi-de infortunée, contraire à la Mede-cine, l'Enfant sera de mediocre vie & inconstant. Il fait bon se mettre en chemin par terre & non pas par eau.

De la vingt-huitiéme & derniere Mansion nommée. AMIXIEL.

Elle finit au 28. degré du Belier du premier Mobile, infortunée, toutefois temperée, contraire aux Plantes, mauvaife à la Medecine, & bonne à faigner aux pieds. Songes turbulens.

Il faut noter que la Lune à grand pouvoir fur les changement & mutations de l'air dans les fignes mobiles du Belier, de la Balance, du Capricorne & du Cancer, car l'air eft variable, mais dans les Signes fixes, du Taureau Scorpion, Lyon & Verffeau, il faut faire ce que l'on veut être de durée. Il faut encore fçavoir que les Quadratures & pleines Lunes, fe faifant fous ces fignes font la conftitution de l'air durable, & continuë durant plufieurs jours, ou le beau tems, ou le contraire dans les fignes communs, des Poiffons, de la Vierge des Gemeaux & du Sagittaire, il eft bon de faire ce qui appartient aux affections, unions, amitiés, Mariage, compagnie, fociété & chofes femblables.

Ainfi en ces jours là, les vents courent volontiers en Eté, il y a des tempêtes, tonnerre, & grêles.

PRECEPTES PARTICULIERS pour la Medicine.

IL faut noter que durant la nouvelle Lune jusqu'à son plein, il faut purger les jeunes gens, mais qu'en sa plenitude on peut purger les jeunes & les vieux, & dans son declin jusqu'au dernier quartier les personnes viriles, & les vieilles, mais au point qu'elle commence à tourner, les vieux seulement.

La Lune étant au Belier & au Sagittaire, il est bon de saigner les flegmatiques dans ces 15. premiers degrés de la Balance & premiere partie du Scorpion, c'est-à-dire du 15. au 30. degré.

La Lune étant dans sa triplicité du feu, le Belier, le Lyon & le Sagittaire, la vertu attractive est confortée, qui prend sa vertu par le chaud & par le sec dans le corps humain, &

B v

quand elle est au Signe du Taureau, de la Vierge & du Capricorne, la vertu retentive est confortée, qui prend sa vigueur dans le corps humain par le froid & le sec, & quand elle est aux Signes de la Balance, des Gemeaux & du Versseau, la vertu digestive est confortée, laquelle consiste & prend vigueur par le chaud & l'humide, lors qu'elle sera dans les Cancer Scorpion & Poissons, la vertu expulsive qui prend vigueur par le froid & l'humide, est confortée au Signe de Cancer par l'Electuaire, & du Scorpion par brevages & prises de pillules.

Pour purger la bile ou le phlegme & melancolie, il faut choisir les Signes du Belier, du Lyon & du Sagittaire ainsi que du Soleil, & si l'on ne peut prendre les deux ensemble, il faut prendre Sagittaire.

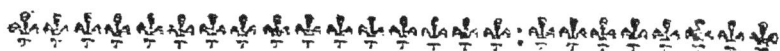

Les temps propres à femer & planter plufieurs fortes de graines, & leurs Vertus ou qualités pour le foulagement du Corps humain.

PRemierement ; Pour choux cabus & autres choux. Il faut les femer au mois de Fevrier, Mars & Avril, en Lune nouvelle, & les replanter en Lune croiffante , mais fi la Lune eft en la Vierge , Poiffons ou Scorpion , meilleures feront lefdites femences & fottifieront mieux.

Les Choux demi cuits dans l'eau avec un peu d'Huile d'Olive,& un peu de fel provoquent à uriner , les choux coupés menu tous crûs avec de la ruë radouciffent les goutes,& leur fuc apaife la fumée du vin.

Des Laituës,

Il faut les femer en Fevrier , Mars , Avril, May , Juin, Juillet & Aouft, en vieille Lune.

Le jus de la Laituë mis sur le front
d'un fievreux le provoque à dormir,
mangée, à jun elle empeche de s'en
yvrer.

Du Persil.

Il faut le semer en Fevrier & Mars,
lors que la Lune est pleine, la decoction du Persil chasse la gravelle & provoque à uriner, sa semence buë dans
du vin vieux, rompt la pierre dans la
vessie, & sa racine fait le même effet.

De la Blette ou reparée.

Elle se doit semer en Fevrier, Mars &
Avril dans la pleine Lune, étant cuitte elle, est profitable à tout le corps
elle tempere & rafraichit; mais à en
manger trop souvent elle irriteroit le
foye. Son jus mêlé avec un peu de
celuy de Piretre tiré par le nez, est
utile contre le mal aux dents.

Des Epinars.

Semez les en Fevrier, Mars & Juillet, au declin de la Lune, car la Lune étant encore forte, lesdits Epinars
font une espece de purgation tres be-
nigne.

De la Bourrache.

Elle veut être femée en Fevrier &
Mars, nouvelle Lune, elle rejoüit &
eft tres-bonne contre les fievres tier-
ces, lors qu'elle eft cuitte dans le vin,
je parle de la Bourrache qui à trois tiges, car celle de quatre tiges eft bonne pour la fievre quarte.

De l'Ofeille ou Salete.

Il faut la femer en Fevrier & en
nouvelle Lune. Eftant cuitte avec de
la chair elle la fait tendre; fi l'on en
mange fouvent elle arrête le flux de
ventre.

De l'Afperge.

Elle eft bonne à femer en tout
tems, propre à uriner & arrête la
douleur de dents.

Des Pourreaux.

Il faut les femer en Fevrier & Mars,
en Lune vieille, ils font nuifibles à
la vuë quand on en mange trop fouvent, étans bus avec du lait de femme ils appaifent la toux.

Des Oignons,

Semez les en Fevrier & Mars, vieille

Lune, ils chaſſent le venin, même
rompus en quartiers & mis par la
chambre & ſous les lits, ils ſont admirables en tems de peſte pour celuy
qui en mange.

Des Aux ou Ailles.

Il faut les planter en mois de Fevrier & de Mars, en toute Lune, ils
preſervent de tout venin étans mangés
dans ce jour là, & même de morſure
de bête venimeuſe, étant coupés par
quartiers & laiſſés tremper vingt-qua-
tre heure dans le vin, ce vin eſt admirable contre les fievres internes.

Des Raves.

Il les faut ſemer en Mars juſqu'en
Juillet en Lune nouvelle, elle ſont
propres aux Flegmatiques, & ſervent
fort contre le mal de reins & à la pierre, & étant mangées cruës vous met
hors de danger de la morſure du Scorpion, le jus de Raves efface les len-
tilles à la face, leur racine eſt telle-
ment contraire à tout venin que celuy qui en aura frotté ſes mains peut
manier hardiment ſans danger toute
ſorte de ſerpens.

De la Sauge.

La Sauge se plante en Mars & Avril, en pleine Lune, elle est admirable pour arrêter les fluxions aux vieux, & à tous ceux en general, qui sont sujets aux fluxions de cerveau, lesquels feront bien d'en user ou en fumée ou en poudre.

Si une femme separé de son mary depuis quatre jours prend un demy verre du jus de Sauge avec un peu de sel, & qu'un quart d'heure aprés l'avoir bû elle se conjoint avec luy, indubitablement elle concevra, s'il y a de la generation à esperer de l'homme capable. Chose approuvée par plusieurs femme & même ces jours passés j'en ay vû l'experience.

De l'Hyssope.

On seme l'Hyssope au mois de Mars en vieille Lune, quand il est cuit dans le vin, on s'en gargorise & guerit la squinance, propre pour l'haleine courte, melé avec de l'huile d'Olive, il est bon pour guerir la galle & rogne des bêtes les frottant avec ladite mix-

tion, pris avec des figues il fait auſſi
ſortir les vers.

De la Savourée.

C'eſt en Mars, Avril & May qu'il
faut la ſemer, & en pleine Lune, elle
aide grandement à purger les femmes
aprés leurs couches, en prenant une
poignée trempée dans deux verres de
vin blanc & buë, étant repanduë par
la chambre elle eſt propre contre les
puces

De la Marjolaine.

Elle ſe doit ſemer en Fevrier, Mars
Avril, comme auſſi les Violettes en
nouvelle Lune.

Sa decoction eſt bonne à boire à
ceux qui commencent à entrer en hy-
dropiſie, & à ceux qui ont difficulté
d'uriner, en en prenant deux cueille-
rées tous les matins, ſon eau tirée par le
nez ſoulage le mal de tête.

Du Fenoüil.

Il faut le ſemer en Mars & Avril
comme auſſi la chicorée en pleine
Lune.

Le Fenoüil fait venir le lait aux

nourrices, la decoction de sa feüille est bonne contre l'hydropisie, il en faut manger souvent à jeun pour se conserver davantage la vuë, outre cela il remet les sens visuels en leur premiere pureté.

De la Mensbe.

On la seme ou plante en Fevrier & Mars, si l'on prend de son eau ou suc, elle sert contre le sang boüillonant de la poitrine, elle empêche que le fromage ne se pourrisse lors qu'elle est mise pilée dessus avec son jus.

Du Basilic.

Le Basilic doit être semé dans le mois de Mars & en vielle Lune, il fait abonder le lait aux femmes.

Du Romarin.

Il faut le semer en Mars Lune nouvelle, il preserve de la contagion lors qu'il est mis en parfum dans une chambre.

De la Lavande.

Elle veut être semée en Fevrier & pleine Lune, elle est admirable contre la corruption.

Des Citrouilles.

Il faut les planter en Fevrier & nouvelle Lune , étant cuitte dans l'eau
elle fortifie l'eftomach & rafraichit.

Des Melons.

Ils font bons plantés en Mars Lune pleine , ils moderent les chaleurs
amoureuses, une piece de Melon mife dans le pot en fait cuire plûtôt la
viande qui y eft.

Des Artichaux.

Ils font bons plantés en Mars Avril
& May en vieille Lune , le vin dans
lequel a eté cuitte leur racine, étant
bon fait uriner , & ôte la mauvaife
odeur du corps , fes rejettons cueillis
cuits & appretés au beurre & pris en
bouillons, reveillent extrememem les
lâches au jeu d'amour. Si vous pre-
nez fes feüilles & en frottez le bois de
lit , cela fait mourir les punaifes ; fi
vous voulez garder vos Artichaux des
rats qui en font friands , il ne faut
que mettre de la Laine au tour des racines.

Pour preferver toute fortes d'ani-

maux des herbes & plantes, il faut
prendre dix Ecrivices lorſque la Lune
eſt au ſigne de l'Ecrivice, les mettre
dans un pot d'eau pendant huit jours
au Soleil bien chaud comme en Juillet,
puis tremper vos ſemences dans ladite
eau , & venans belles , aucuns ne leur
nuiront.

Des Roſes.

Il faut les planter en Fevrier & Mars
en pleine Lune.

Les Roſes ſeches & boüillies dans
du vin blanc juſqu'au tiers, ſervent
contre le mal aux dents, s'en lavant
ſouvent la bouche, l'eau ou la Roſe
a été miſe en infuſion dans du lait y
ajoûtant du miel purge & fortifie ;
& ſans miel ny lait , mangez-en & en
tirez en poudre par le nez elle vous
guerira du battement de cœur.

Du Violier.

Il ſe plante & vient en tout tems, le
jaune eſt meilleur que le rouge , étant
pris en vin blanc en ſemence, s'il n'y
a point de fiévre provoque les mois
aux femmes.

Des Oeillets.

Ils fe fement en Fevrier, Mars &
Avril, nouvelle Lune fort baffe, ils
font bon Vinaigre, aprés avoir trempé
dans une fiole de verre pendant dix
jours.

Des Soucils.

Elles fe fement en Fevrier Mars &
Avril en pleine Lune, leur fleur boüil-
lie dans du Vin blanc & buë provoque les mois aux femmes, les fleurs,
racines & feüilles bouillies fans fel &
bûes à jun font admirables contre
la pefte.

Du Fort.

Il fe plante & fe feme en Mars pleine Lune & la Ruë de même, il a cette
même vertu, fon parfum & bon pour
la douleur aux dents & la dureté
d'Oreilles.

De la Mauve ou Maulve.

Elle fe feme en Mars & Avril pleine Lune, fa feüille mife fous la femme la delivre fort promptement, elle
eft bonne pour les maux de jambes
particulierement.

Des Pastonades.

Leur semence est en Fevrier, Mars & Avril, en Lune vieille, les Raiforts sont aussi bien semés en même mois, mais en Lune nouvelle. Les Pavots en même Lune.

De l'Orval.

On seme l'Orval en Mars pleine Lune, son herbe pilée fait sortir les épines & pointes, & chasse les bochertes ou autre chose dedans les yeux, & soulage les femmes encouche.

De la Cartapage.

Elle se seme en Mars vieille Lune, & se mange pour purger au lieu de pillules.

F I N.

Crainte de grossir cet Ouvrage, on prie de treuver bon qu'on n'y ajoûte pas ce qui touche à la Navigation.

QUand on veut faire un Voyage tant par Terre que par Eau, il faut l'entreprendre dans la Lune qui est aux Signes Mobiles ou dans les Communs pour être bien-tôt de retour.

Pour être heureux en Voyage, il faut le commencer dans la Lune qui est au Signe de la Vierge, de la Balance, & dans les premiers degrés du Signe du Taureau jusqu'au 12. degré & dans le signé du Belier tant par Eau que par Terre ; mais pour les Voyages par Eau, il faut que la Lune soit au Cancer, Poissons ou au Signe du Belier.

DU CYCLE SOLAIRE
& pourquoy il a été inventé.

CE changement que l'on appelle Cycle Solaire, n'est pas un mouvement Solaire où il arrive aucun

changement en son mouvement or-
dinaire par le changement de ce nombre. Mais on l'a inventé pour acco-
moder l'année & les jours de la semaine, afin de ne pas celebrer un Di-
manche ou autre jour deux fois, car
sans ce changement cela arriveroit.
Or non seulement ce Cycle a été inventé pour la Variation des sept jours
de la Semaine; mais encore pour le
changement de tous les Bissextils qui
peuvent arriver en l'espace de 28. ans.
Car il se trouve 7. Bissextils en 28. ans
d'autant que 7. multipliées par 4, font
28. Au bout de 28. ans tous les inter-
valles des Bissextils qui auront passé
& reviendront les mêmes, vous les
trouverez marqués cy-aprés avec leur
predictions particulieres qui commence dans l'année 1698. & son nombre
qui est 27. & le nombre 28. qui finit le
Cycle Solaire en 1699.

❀❀❀❀❀❀:❀❀❀❀:❀❀❀❀

*PREDITIONS particulieres
du Cycle Solaire, pour sçavoir
l'abondance ou cherté du Bled
& du Vin.*

27. 1698.

Cette année les grains seront dans
leur maturité, qui employera son
argent à en faire provision y trouvera son compte ; car ils seront à bon
marché sur les semailles, grande abondance de Vin, puis sera cher après la
Saint Martin.

28. 1699.

L'année sera abondante en grains &
tous les biens de la terre jusqu'aux
Vins de Bourgogne feront profit ; c'est
pourquoy la Vendange sera heureuse.

1. 1700.

Les Blés encheriront à la venuë des
autres ; Le bon Vin sera de requère,
car il surviendra une grosse pluye sur

les

les Vendanges, qui sera cause de beaucoup de Vin tourné.

2. 1701.

En cette saison tous les Biens de la
Terre abonderont ; Le Bled & le Vin
seront à bon marché, car nous auront
grasse recolte.

3. 1702.

Le Bled sera cher au commencement
de l'année, dés que le Soleil sera entré
dans le Signe du Taureau qui est le 21.
d'Avril, il reviendra à un prix raison-
nable, & quoyque la recolte soit bonne, le Vin sera pourtant cher.

4. 1703.

Cette année nous promet grande
abondance de Grains, & de tous les
Fruits de la Terre, les Legumes seront
à bon prix.

5. 1704.

La recolte du Bled sera heureuse ;
mais il ne laissera pas d'être bien cher,
jusqu'en Automne qu'il rabaissera, &
particulierement aprés Vendanges.

6. 1705.

Le Bled sera à honnête prix au com-

C

mencement de l'année ; mais le Vin
fera cher jufqu'en Juillet qu'il rabaif-
fera de prix , la recolte du Bled ne fera
pas bonne en divers endroits, ce qui
caufera la cherté.

7. 1706.

La recolte de cette année fera moin-
dre que la precedente ; c'eft pourquoy
il fera bien de faire provifion de grains
fi-tôt que le Soleil fera entré au Signe
des Gemeaux , les Grains feront à haut
prix, il tournera bien du Vin & les
vieux feront chers.

8. 1707.

Les biens de la Terre auront tres-belle vente , qui aura du bien fera bien de
le vendre, d'autant que la recolte fera
tres-belle , ne vous chargez pas de pro-
vifions de Vin , on profitera enfuitte
d'en achetter car il encherira.

9. 1708.

Le Bled fera à meilleur marché lors
que le Soleil entrera dans le Signe
des Gemeaux qui eft le 20. du mois de
May , c'eft pourquoy il ne faut pas
s'en pourvoir , puifque il y aura encor

du rabais dans le mois d'Auſt, & comme alors il encherira juſqu'au nouveau
il faudra ſe pourvoir du Vin.

10. 1709.

Le Bled en cette Saiſon tiendra ſa
pointe juſqu'au nouveau qu'il rabaiſſera ; Il y aura aſſez du Vin, mais il ne
faudra pas attendre de s'en pourvoir
juſqu'à la Saint Martin, car il encherira.

11. 1710.

Le Bled ſera à un prix raiſonnable
en cette année quoy qu'il manque en
divers endroits, ce qui le fera enche-
rir ſur la fin de l'année. Les Vins ne
ſeront gueres bons, & les vieux ſeront chers.

12. 1711.

En cette Saiſon nous aurons abondance de tous biens, le Vin ſera plus
en abondance que le Bled, il ne ſera
pourtant pas cher & rabaiſſera en Automne.

13. 1712.

Les biens de la Terre encheriront;
c'eſt pourquoy il ſera bon de ſe pourvoir de Bled, car il augmentera de prix

à la recolte,& le Vin encherira en May,
puis rabaiſſera à la venüe du nouveau.

14. 1713.

Qui aura du Bled fera fort bien de le
vendre, car la recolte ſera bonne &
abondante, les Vendanges tres-belles
& qui nous donneront le Vin à tres-
bon marché.

15. 1714.

Il ſera bon d'acheter du Bled au Printems, car il fera cher en Automne, puis
rabaiſſera ſur la fin de l'année,& le Vin
de même.

16. 1715.

En cette année le Bled maintiendra
ſon prix juſqu'au nouveau où il rabaiſſera, pour ce qui eſt du Vin il ne ſera
pas cher à cauſe de ſa grande abondance.

17. 1716.

Les legumes ſeront cheres, mais le
Blé à un prix raiſonnable, la recolte
ne ſera pourtant gueres bonnes, c'eſt
pourquoy il encherira ſur la fin de l'année,& le Vin ſera cher.

18. 1717.

Les biens de la terre auront mau-
vaiſe venuë, pour ce faites proviſion
de Vin à bonne heure & de Bled, car
les Vins nouveaux ne feront gueres bons.

19. 1718.

En cette année les Bleds rabaiſſe-
ront de prix & le Vin ne laiſſera pas
d'être fort cher, mais à la fin de l'année, la recolte le fera diminuër de
prix, & tout fera à bon marché s'il plaît
à Dieu.

20. 1719.

En cette Saiſon le Vin encherira,
lorſque le Soleil fera au Signe des Gemeaux, le Bled en fera de même quand
le Soleil fera au Capricorne, les Vendanges feront bonnes, & fi pourtant le
Vin fera cher.

21. 1720.

Le Bled fera encor cher juſqu'en
Avril, le Soleil entrera au Signe du
Taureau fera abondance de Vin, & les
legumes feront cheres.

22. 1721.

Dans cette année les Grains feront
en abondance & à bon marché, ceux
qui auront du Vin feront bien de le
vendre, car le Soleil entrant au Cancer fera une grande recolte; la provifion en eft inutile puifqu'il viendra
toûjours à meilleur marché.

23. 1722.

Le Bled demeurera encor à bon marché pendant le Printems, puis encherira lorfque le Soleil entrera au Cancer, qui eft l'Eté, & il y aura difette
de legumes. Le Vin fera pourtant à
bon prix, car la recolte fera tres-bonne, il y aura grandes querelles.

24. 1723.

Grands debordemens de Rivieres
en cette Saifon, pour ce pourvoyez-
vous de Bled, car la recolte ne fera pas
bonne, le bon Vin fera de requête.

25. 1724.

Nous aurons encore grande cherté
de Bled au commencement de l'année; mais comme la recolte fera tres-
bonne s'il plait à Dieu, elle le fera

rabaiſſer lorſque le Soleil ſera venu au Signe de la Vierge qui eſt au 21. du mois d'Aouſt juſqu'à ſon arrivée à celuy de la Balance, c'eſt à quoy il faut prendre garde.

26. 1725.

Le Bled encherira au Printems juſqu'à la recolte, le bon Vin ne ſera pas peu recherché, à cauſe du mauvais tems, en Septembre les grains rabaiſ-feront de prix.

F I N.

CONSENTEMENT.

SUr la Requisition de sieur ANDRE' MOLIN Imprimeur de cette Ville : Je consens qu'il luy soit permis d'imprimer un Livre intitulé *Les Ephemerides Perpetuelles de la Lune*, &c. Pourveû qu'il n'excede deux feüilles du caractere de Ciceto. Fait à Lyon le 7. May 1705.

AUBERT.

PERMISSION.

SOit fait suivant le consentement du Procureur du Roy. A Lyon les jour & an que dessus.

DUGAS.

www.ingramcontent.com/pod-product-compliance
Lightning Source LLC
Chambersburg PA
CBHW050517210326
41520CB00012B/2343